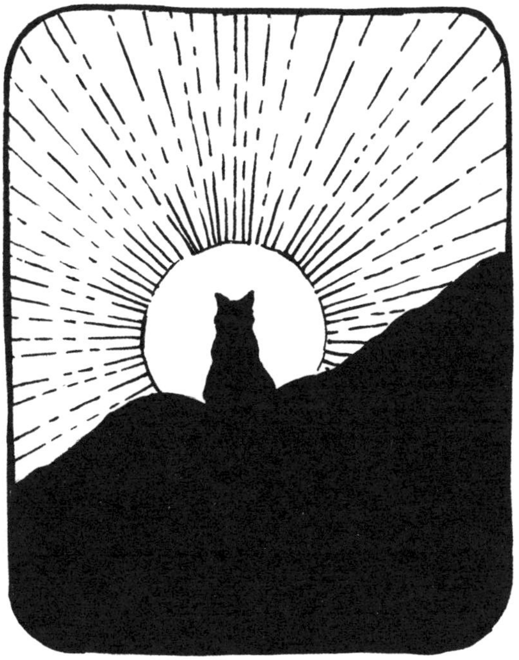

The Cat Who Taught Zen

The Cat
Who
Taught Zen

一只去找菩提的猫

James Norbury

[英]詹姆斯·诺伯里 绘著

万洁 译

北京日报出版社

中文版序

"一花一世界，一叶一菩提。"

我认为，如果我们能真正领会其中的禅意，理解我们与自然和彼此之间的联系，我们的灵魂与世界就会开始愈合。

我创作本书的目的是要强调那些经常被忽视的东西——我相信，如果我们要构筑内心的平静，这些东西是非常重要的，就像一片落叶也有美，一顿简单的餐饭也有价值。我还想探讨这样一个观点，即看似"坏"的东西往往最终会以某种方式帮助我们。

我们周围到处存在美，可我们反倒会把注意力放在带来更多痛苦的事情上，而且常常要费一番力气才能发现美。我认为，谈起在这方面的认识，中国文化有着悠久的历史，是我无法企及的。这也是我研究东方哲学并以此为基础进行大量创作的原因之一。

我接触到的许多东方思想都强大且具有变革性，我努力在最大程度上尊重原始材料，以此为基础，通过新方式展示这些概念，使它们更容易被更广泛的受众接受。

我非常喜欢去中国旅行，每次去都能获得很多灵感。很荣幸我的书被翻译成中文，真诚地希望你喜欢这本书，等你读完后，你可能会像书中的猫一样，对自己的日常生活有一些新的思考方式。

献给万物生灵。

他们是老师、是信使，

最重要的是，他们是我们的朋友。

在遥远的地方，有一座城市。

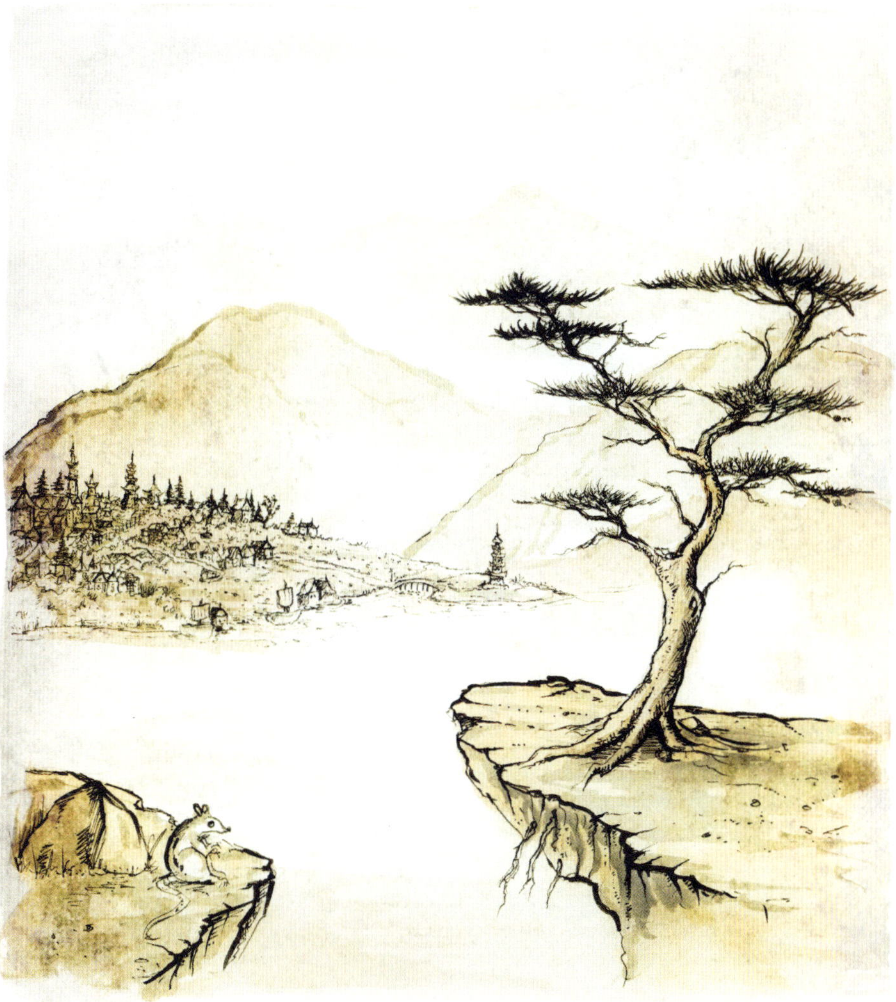

它坐落在一条大河的岸边。

成千上万的人在这里生活。

不过，这个故事的主角不是人，

而是一只猫。

在一个清冷的秋夜,猫和他的密友——鼠在一起避雨。

雨水从屋顶淌下,顺着排水沟欢腾地流去。

滂沱大雨中,城里的人纷纷缩着脖子,步履匆匆地往家赶。

猫望着他们。

过了一会儿,他转头对鼠说:

"我寻觅多年,

可还是有很多不解。"

"你在找什么？"鼠问。

猫叹了口气。

"我真心希望知道自己在找什么。
　　心灵的平静?
　　对自我与万事万物的接纳?
　　也许我在找理解这个世界的方法……"

"也就是说,并不是什么太难的事嘛。"鼠温柔地笑着说。

"也许我帮得上忙。
　我听说,在远方山谷那片枫树林的腹地,
　　　有一棵古老的松树。
　　　只要坐在那棵树的树枝上,
　　你就能获得前所未有的平静和领悟。"

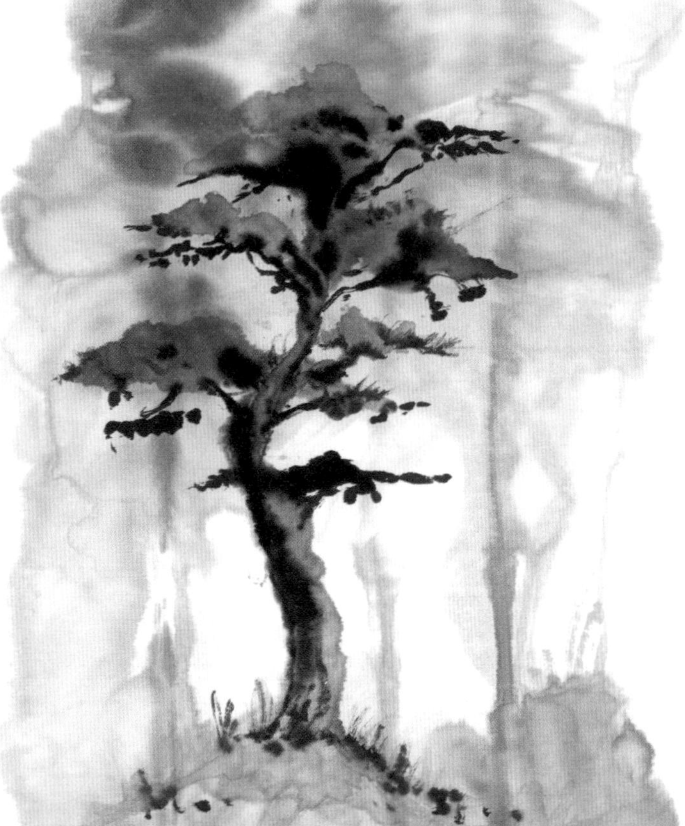

"当真？"猫问。

鼠点点头。

"那我的路就很清楚了。我立即动身。"

猫挥别了他的朋友，悄无声息地从墙上一跃而下，沿着通往城市之外、山谷方向的那条老路走去。

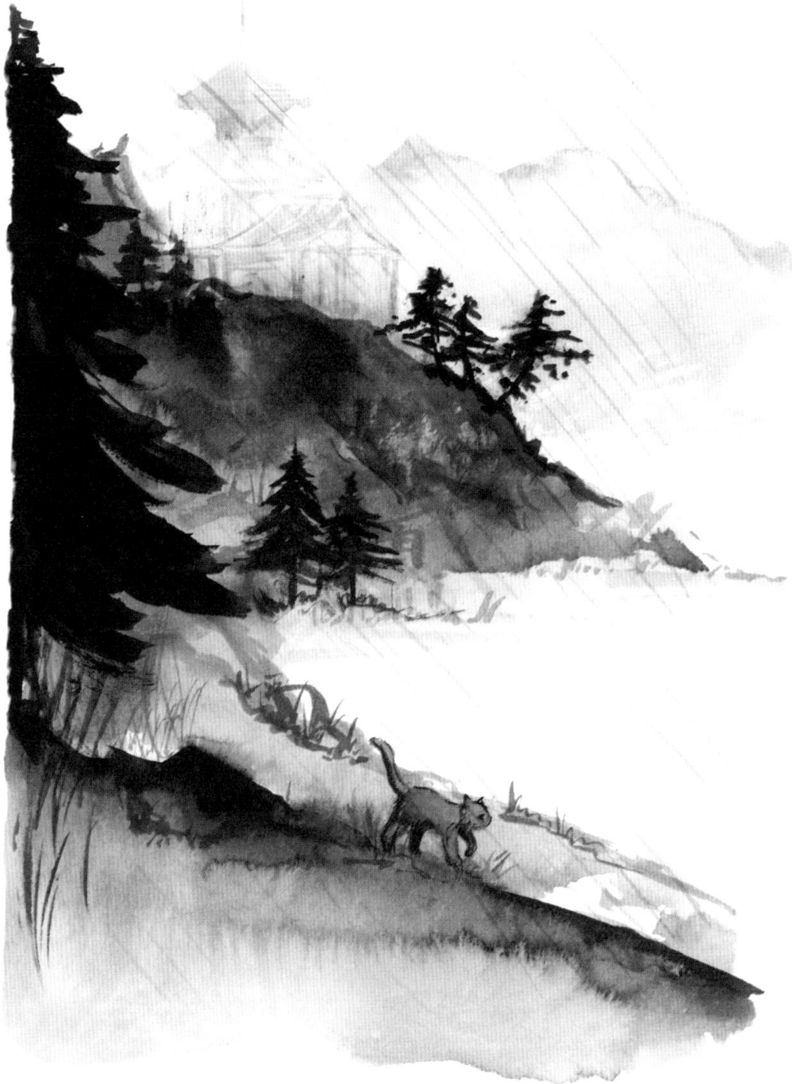

猫走了好几个小时。

暮色渐浓,他瞧见远处一处洞穴中闪着微弱而稳定的火光。

他浑身又湿又冷,决定去前面碰碰运气。

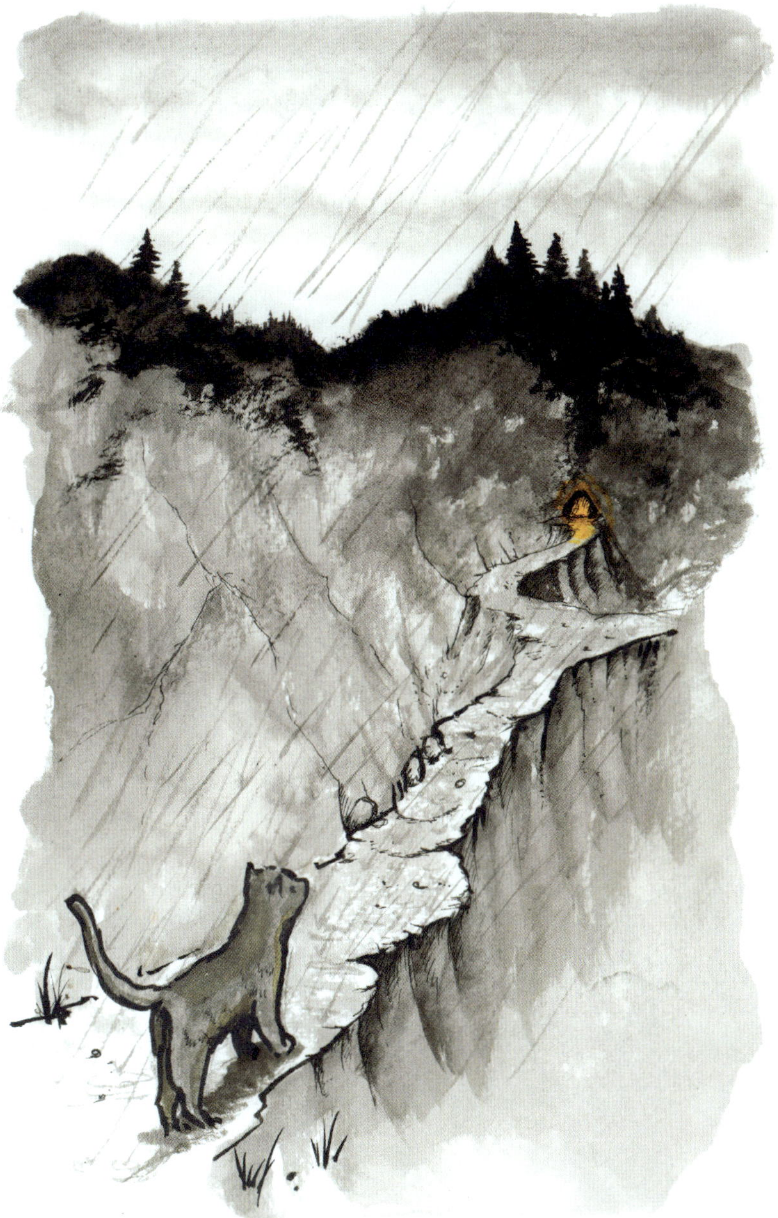

猫谨慎地向洞穴中瞟去。

没想到，竟然看到一只野兔在烤火。

"哦……你好啊。"野兔错愕地打了声招呼，
"进来一起烤火吧。你怎么会来这里？"

最后一丝天光隐去，

猫满怀感激地在篝火旁落座。

"我是一个心灵旅者。"他说，

"我在寻找枫树林中那棵古老的松树。"

"真的？"野兔说。

"那又是因为什么让你踏上了这条路呢？"

猫沉吟片刻。

"这可能就要从多年前，我还是个小猫的时候说起了。"

"在我当时生活的那座村庄，每年都会有一条睿智的龙来造访。龙会和来找他的每一个人交谈，为对方指引方向，分享自己的智慧。"

"我喜欢去找他，日复一日。

可那时候，我太调皮了，
每次去见他，都忍不住偷点儿东西走。
有时是一颗李子，有时是几块香料……

说起来很惭愧，还有一次，我偷了他那美丽的宝贝铃铛。"

一天，我去找龙，发现他已经离开了，
他在住处留下一个小小的卷轴，卷轴上有我的名字。

亲爱的小猫，

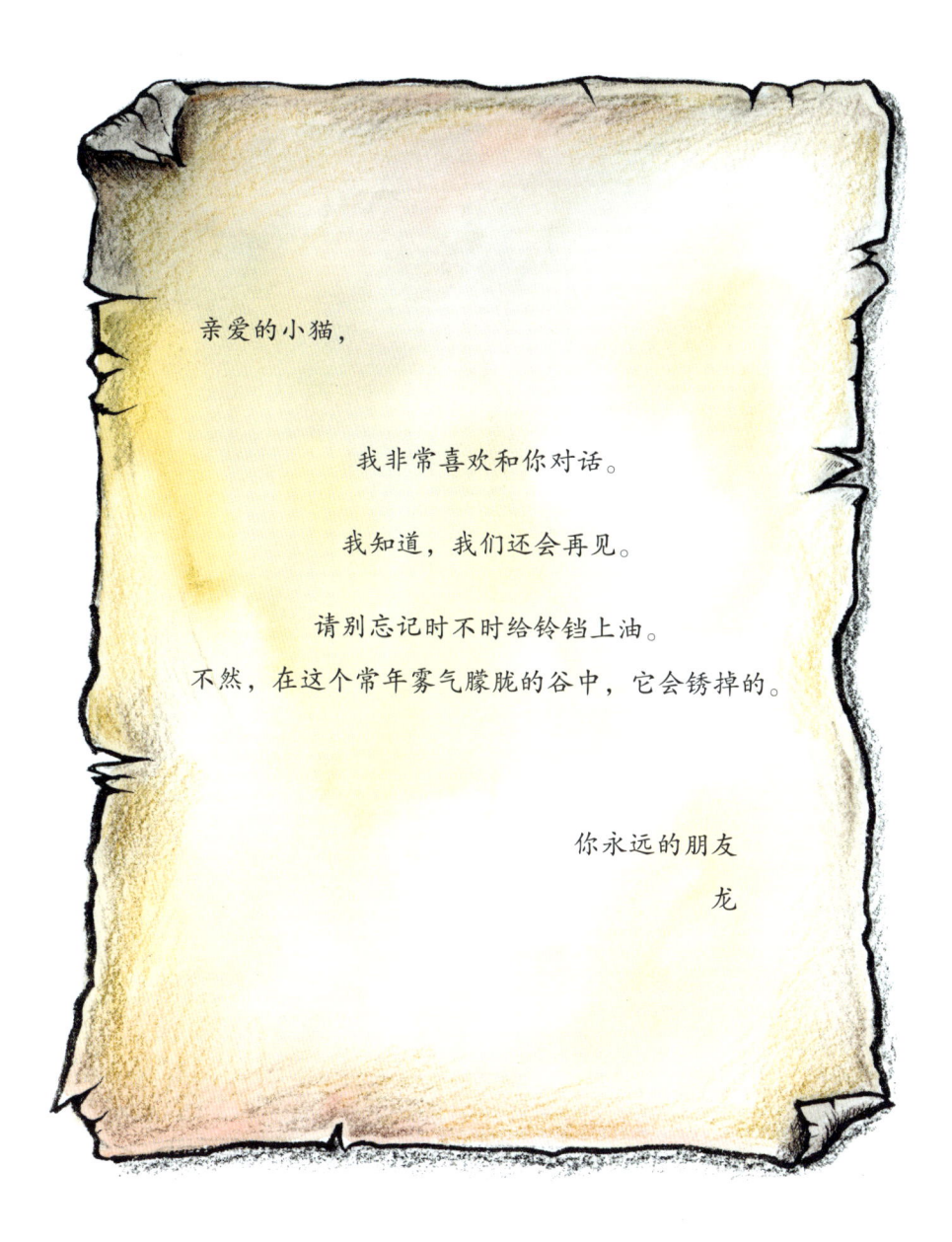

  我非常喜欢和你对话。

  我知道，我们还会再见。

  请别忘记时不时给铃铛上油。
不然，在这个常年雾气朦胧的谷中，它会锈掉的。

        你永远的朋友
         龙

"你大概想象得到，当时我愧疚到无地自容，
但更让我没有想到的是，龙一直知道我在偷拿他的东西，
竟然还对我如此和善。

这份宽仁之心深深影响了我。

它让我知道了，一个人的行为是可以启发身边其他人改变的。

于是我下定决心，要把龙的善行传递下去。

所以我踏上了这条路，开始了一场旅程。"

"原来如此。"野兔说。

"那么，接受龙的教诲后，你都有了哪些成长？"

"一开始，我的成长并不明显，"猫说，"一路上也犯过不少错，不过想来还是有几点感悟给我带来了很大帮助。"

"说来听听。"野兔说。

猫沉思片刻。

"是这样的,"他说,"我还是每年都去拜访龙,
每次他与我分享的观点都能改变我的思维方式。

所以,我最想要与你分享的是……

……不断学习。

新想法可以帮助我们成长，
　避免犯同样的错误。

生活总会给你带来启迪，以生活为师，
　学习起来就会轻松很多。"

"安静地度过时光，

珍视大自然，

保持正念，寻找内心的平静。"

"虽然大自然从来不语,
　但它会一直尝试着告诉你一些答案。"

"我听别人说过，
最重要的不是旅程或者目的地，
而是你的同伴。"

"要多与那些能激发出你最好一面的人为伴。"

"要是一个同伴都找不到呢?"野兔问。

"不管去哪里,我们都是我们自己的同伴。"猫说。

"这就是为什么我们必须努力试着去做自己的好朋友,善待自己。

毕竟,我们与自己相处的时间最多,
而且会非常认真地对待自己的意见。"

"我发现，善良与感恩是很难学会的特质，但二者可以在方方面面帮助我们。

它们没有成本，但其价值却不可估量。"

"如果你知道善良会给你的人生带来多大的改变，
你就会抓住每一个释放善意的机会。

如果你的善良排除掉了你自己，或者你认为很难相处的人，
那这就不是一种完整的善良。"

两个小动物一直聊到深夜，
最后，他们卧在篝火渐熄的余烬旁睡着了。

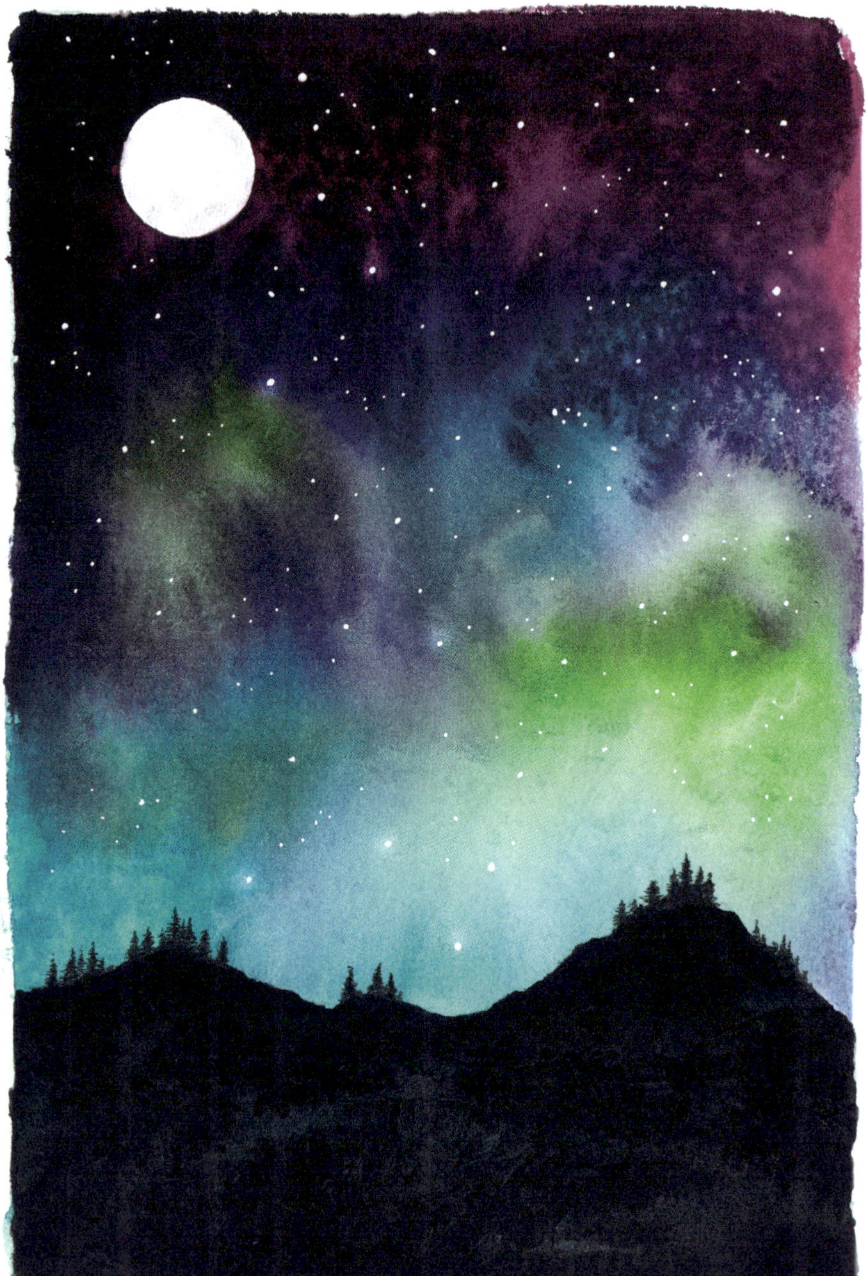

群山迎来了拂晓，猫醒来时，
野兔已经离开了。

在野兔昨晚睡觉的地方，有一包用叶子细心裹好的食物。

猫笑了，感激地收下了野兔慷慨相赠的礼物。

清晨的阳光驱散了雾气，
猫吃饱后，沿着山间小径继续前行。

他刚走了几个小时，一阵沙哑的鸟叫声就打破了寂静。

猫抬头一看，发现有只乌鸦栖息在一棵枯树上，
一边发出尖厉刺耳的声音，一边拍打着翅膀。

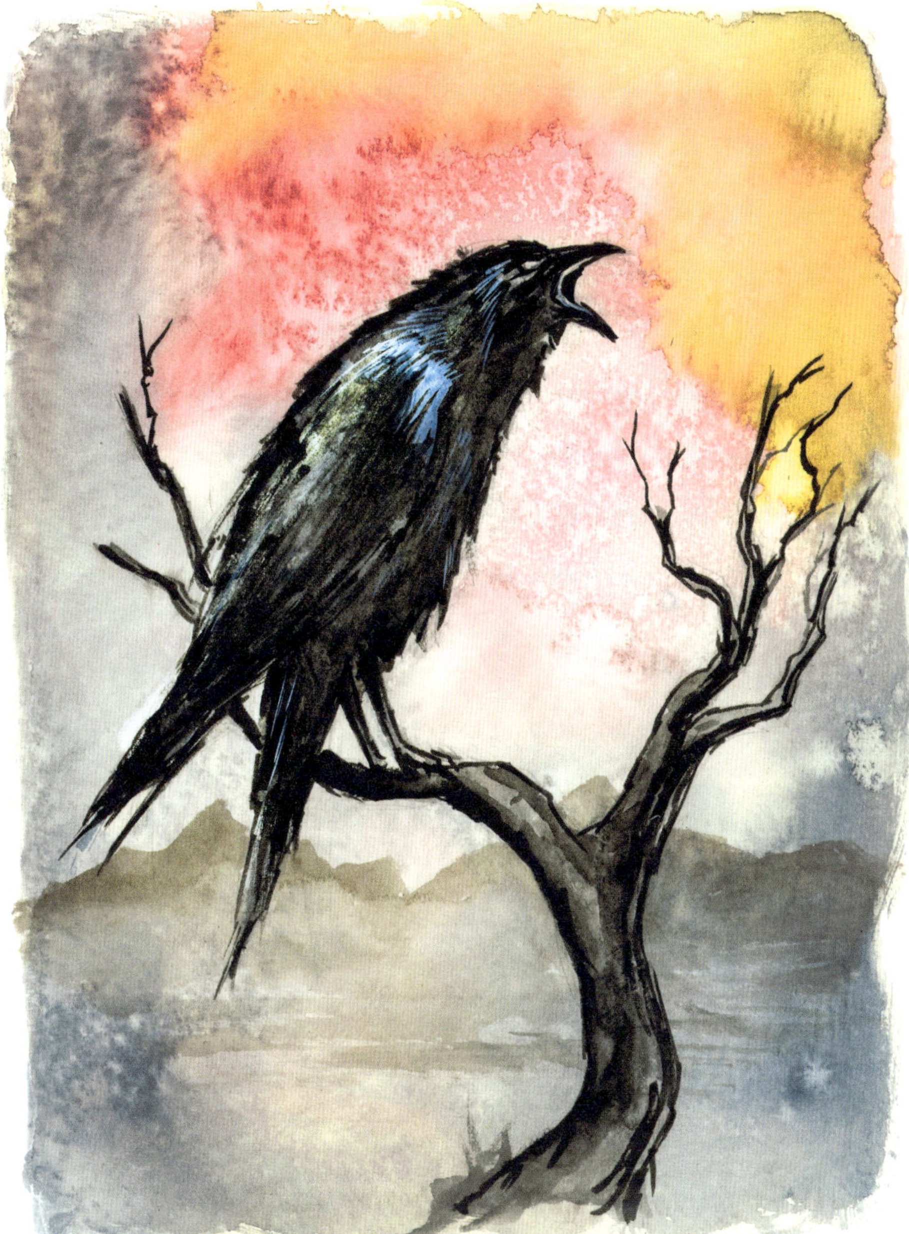

"乌鸦,"猫打了个招呼,

"你怎么了?"

乌鸦飞到一截儿低点儿的树枝上，歪着头看着猫。

"真是无耻！"她大声抱怨道。

"有人偷走了我的会发光的宝石。
我费了好一番力气才得到它，原本是要拿去让一个朋友羡慕的！

结果现在它被人偷走了。气死我了！"

"也许这件事并没有你想的那么糟糕。"猫说。

"哼！"乌鸦奚落道，"你又知道什么？"

"是这样，"猫说，"我给你讲一个故事吧。我以前认识一条小龙，他是来过我们村庄的那条大龙的后代。"

"他的名字就叫小龙。有一天,他去找朋友大熊猫,在路上发现了一样最精美的东西:一大块海绿色的水晶石。仔细看,里面像是包含了世界万物所有的奥秘。"

"小龙一边走,一边看着这块水晶石,
看得如痴如醉,结果脚下一个趔趄,
水晶石砸到了他那纤细的龙爪上。"

"他自然痛苦难当。小龙觉得自己骨折了,于是不得不中止了旅程,一瘸一拐地过了桥,来到一处废弃的隐士居所。"

"小龙坐在一块大石头上,觉得委屈极了。现在他至少要耽搁一天才能和大熊猫碰面。"

小龙歇了几个小时，不由得想，拖着这只受伤的爪子还能否继续赶路。

就在这时，天像漏了一样，大雨倾盆而下。

"暴风雨肆虐，

雷电轮番在空中炸裂，大地都为之震颤。

小龙蜷缩在房间的角落里，

将那块水晶石紧紧抱在胸前。"

"暴风雨渐息，
小龙才小心翼翼地向外望去。

他惊愕地发现，桥塌了。

因为爪子受了伤，他感觉走路很不稳当，不想冒险穿过这一片残垣断壁。

于是他决定在这里过夜。
他静静地坐在一块布满青苔的石头上，
看竹林在暴风雨最后的低语中摇曳。"

"真的太美了。"

"森林里，夜幕降临，小龙一瘸一拐地回到那座隐士居所。"

"他坐下，凝视黑魆魆的前方，觉得树丛中有什么东西在动。

小龙感到了一种冰冷刺骨的恐惧。

尽管小龙很害怕，他还是没有躲藏，
而是亲眼看着一头体格巨大、分量不轻、颇有力量的巨兽踏入了月光里。

他从未见过此等的庞然大物，但在大熊猫给他讲的故事里听说过，
这一定是一头牡鹿。

牡鹿驻足片刻，威严而狂野。
小龙面对如此壮观的景象，一时不知该如何应对。"

"小龙的勇敢让他在黑暗中看到了美，
原来的恐惧也化为了惊奇。"

"小龙目不转睛地看着这一幕,直到牡鹿与树叶的影子融为一体。
如果他的爪子没有受伤,
他就不会看到他这一生中最不可思议的一幕。"

"小龙爬进他临时铺就的小床,开始想……

也不知道明天会看到怎样的奇观。"

"到了早晨，小龙感觉爪子恢复了大半，足以继续前行了。

带着水晶石一路前行还是太沉了。

尽管小龙非常喜欢这宝贝，他最后还是决定把它卖给碰上的行商。"

"可行商摇摇头,说:'这东西很常见,而且毫无价值。'"

"可小龙回忆起他发现水晶石之后的经历,

想到他见识到的美、经受的磨难、

有过的恐惧与愉悦,

他感觉这块水晶石对自己而言并非毫无价值。"

"所以说这块水晶石还是有好处的？"猫思忖着，

"谁知道呢？

也许……这取决于小龙怎么看待它。

乌鸦，我的朋友，我的意思是，
有些我们以为的坏事，绕一圈后可能会迎来意想不到的转机；
而我们梦寐以求的事，可能最后会带来伤害。"

"鲜花会在你最意想不到的地方盛开。"

"我想我懂了。"乌鸦说。

"命运引领我们踏上一条蜿蜒的小路。
不管有如何糟糕的境遇，
不到最后，我们永远不知道它会有怎样的转变。

我会努力记住，下次我再遇上事与愿违的情况，
也许就不会如此气恼了。"

乌鸦向猫点点头，扇动黑色双翼，飞走了。

猫目送乌鸦离去，直到她的背影消失在雾气中。

之后，猫继续上路了，但是没走多久，
路旁张牙舞爪的橡树越来越密，
猫发现自己走进了一片幽暗茂密的森林。

一阵窸窸窣窣的声响打破了宁静,
荆棘丛中钻出一只落单的小狼崽,看起来孤苦伶仃。

"你好,"猫说,"你怎么独自在这儿?"

"大人们都去狩猎了,"小狼崽说,
"他们不让我去,我只能在狼窝附近待着。
我本想好好睡觉,却做了一个奇怪的梦。"

"那你愿意跟我讲讲那个梦吗?"猫问。

小狼崽起初有些迟疑,可他也没有别的事可做,又被梦弄糊涂了,
就在猫旁边坐了下来。

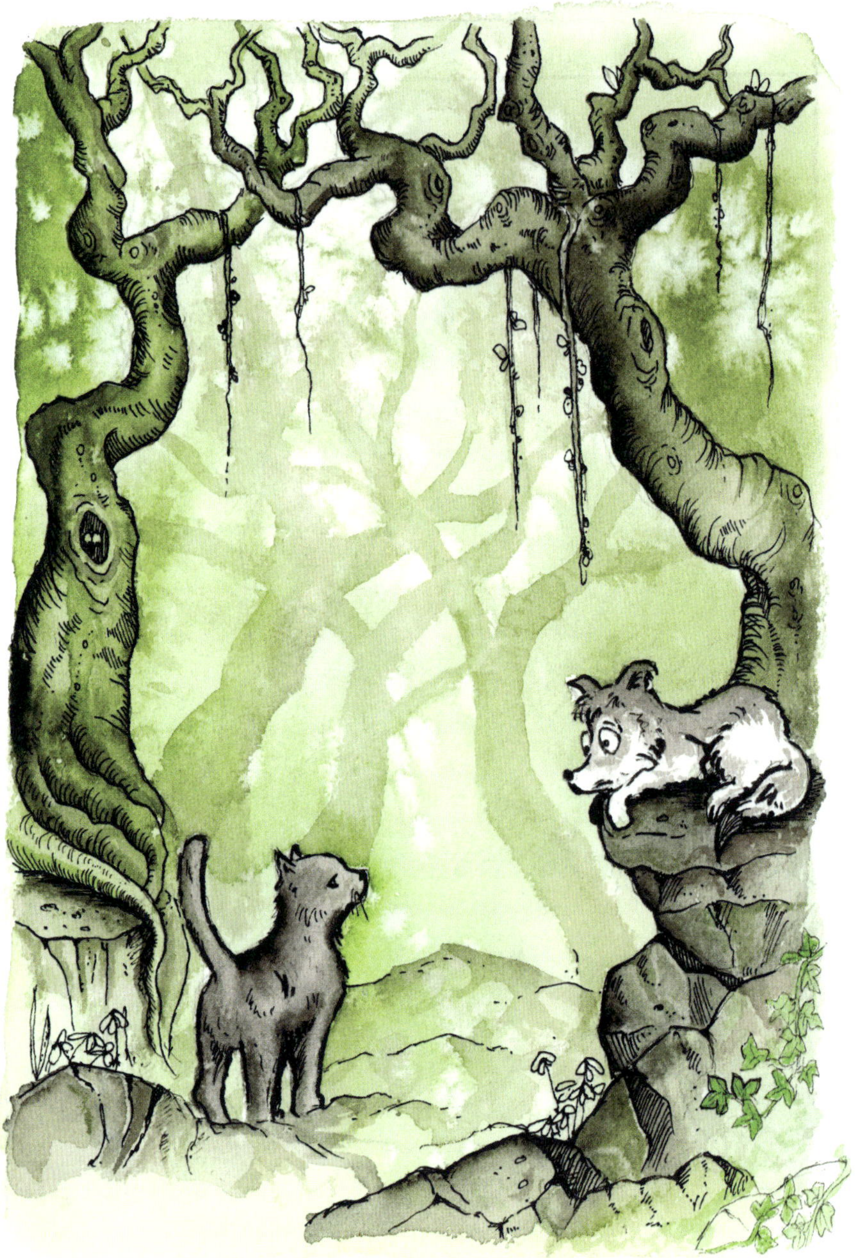

"梦里我被一条大狗追着。

我害怕极了，心想要是自己能像狼王一样结实而强大就好了，

那样一来，我就不必再害怕狗了。

然后突然间，我就魔法般地化为一头骇人的巨狼。"

"之后我就撵着那条狗追,想把它吓跑,可我很快就感觉又热又累。

然后,我瞧见一条河。清凉的河水欢快地在大地上奔流,我又开始希望自己也能像它一样。

结果,突然间……

我就变成了一条河。"

"我迅疾欢畅地流淌着,很快就汇入了海洋,

　　成为一条河流的兴奋感荡然无存。

当时,我平静凝滞、深不见底,但同时我也感觉自己受到了束缚,无聊至极。

　　我抬头一看,瞧见一只雄鹰翱翔在云间。
　　我心想,要是能像鹰一样该多美妙啊!这个想法刚冒出来……

　　　　　　我就变成了一只鹰!"

"然而，虽然我强大而有力量，但我已经老了，生命即将走到尽头。

我俯瞰大地，看见一只小狼崽在和她的兄弟姐妹玩耍，

我想，她的生活多么有趣啊，

她还有整段人生在前面等着她。

然后我就醒了。"

猫一言不发地听完了小狼崽的梦,
问道:"那么,你觉得这个梦说明了什么?"

小狼崽想了一会儿……

"也许，"他低声说，"我们每个人都有属于自己的天赋，我们应该为了这些天赋欢呼，而不是看着别人的东西羡慕。"

猫点头微笑。

"谢谢你。"小狼崽说。

"我什么都没做。"猫说。

"你做了我的倾听者。"
小狼崽说,"这比什么都重要。"

小狼崽回身跑进森林深处，猫继续沿着小路前行。

没过多久，森林消失，猫来到了一片开阔地，
前方矗立着一座巍峨的寺庙。

猫沿着湖岸行走，听见一种古怪而混乱的声响。

他又往前走了几步，瞧见一只猴子坐在石灯笼上，正在焦虑地自言自语、喋喋不休。

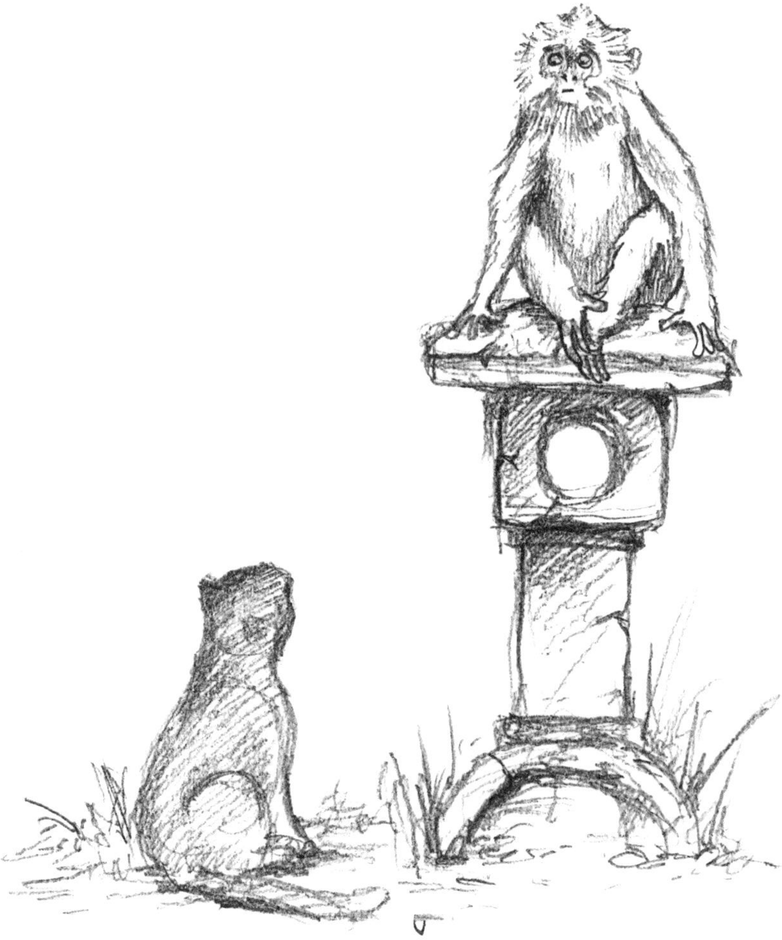

猴子察觉到猫的出现，先是专注地看着他，
接着便连珠炮似的用各种莫名其妙的问题轰炸他。

"你是谁？

我没想到自己会这么饿。

你想从我这儿得到什么？

马上就要下雨了……

你为什么会在这儿？"

"我在这儿，"猫说，"是因为我在寻找一棵古老的松树。
据说坐在那棵松树的枝干上能获得莫大的平静。"

"平静？"猴子说，"要是我能得到一点儿平静就好了。我的思绪——都要把我逼疯了。"

"过来和我坐坐吧。"猫说。

"这片湖,"他继续说,"由一条河流喂养。如果你特别认真地听,能听到河水流淌的声音。"

猴子把头斜向一边,开始倾听,但他什么都没听到。

他更加专注,竖直了耳朵,
希望捕捉到哪怕最微弱的一丝水流声。

"不管用。"最后他说,"我就是听不到。
也许是因为我的耳朵不如你的大,不如你的长吧。"

"你听不听得见河流声都不重要。"猫说,"不过,请你告诉我,你最后努力尝试听的那一会儿,思绪还是那么乱糟糟的吗?"

猴子这才意识到,这是他记忆里头一回思绪平静的时刻。

"有那么一会儿,"猫说,"因为你太专注了,过去、未来以及你对它们的一切想法都不存在了。

这一会儿虽然短暂,但你已经体验到了我们所有人内心的平静。"

猴子没有动,也没说话。

他只是看着燕子掠过湖面,
感受秋风微微地拂过他的一身毛发。

猫留下他享受这份平静，
独自离开，在寺庙的花园中穿行。

他在草丛中发现了一只缩在壳里的老龟。

乌龟慢慢伸出头来。

"你好。"猫说,"这地方可真美啊。"

"曾经是很美。"乌龟说。

"但我厌倦了这里的樱桃林，厌倦了波澜不惊的湖泊，厌倦了潺潺的溪流，厌倦了风刮过树林那连绵不绝的呼呼声。

寺庙从来都是老样子，每天都是同样的阳光、雨水和云……

日子就这样过下去……
一天又一天。"

"你厌倦了生活。"猫说。

乌龟点点头。
"幸运的话，我的大限将至，
到时候就可以离开这个无聊的世界了。"

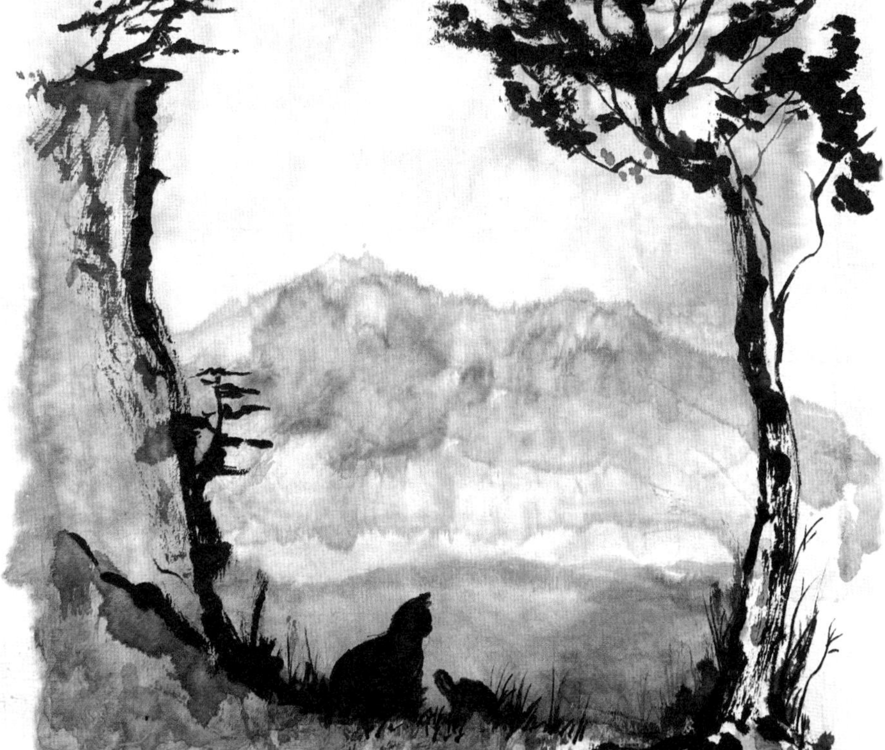

"我有两句话可能对你会有帮助。"
猫说着，用爪子蘸了蘸寺庙灯笼里潮乎乎的灰，然后在一块平坦的大石头上写起了字。

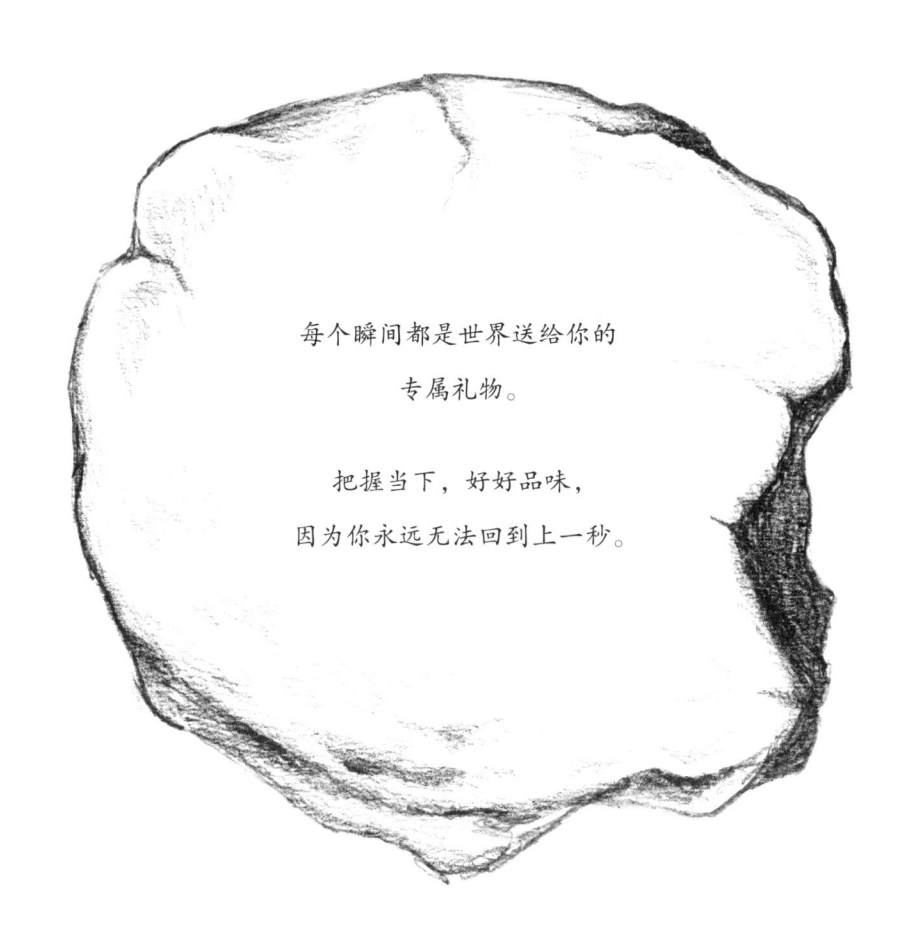

每个瞬间都是世界送给你的
专属礼物。

把握当下,好好品味,
因为你永远无法回到上一秒。

乌龟细细看过猫写的话，

缓缓地望向猫——乌龟就是这样不慌不忙，

面颊上挂着一滴眼泪。

"我从未这样想过。"她说。

"我只希望这一刻快点儿结束，希望下一刻会更好，

能以某种方式满足我……

但这种事从未发生过。

现在我读到这两句话，终于明白是怎么回事了。"

"猫朋友，我见过不少风景。

上百个夏天，上千座庙宇，上百万颗星星，

可竟然不曾认真地闻过一朵花。

嗯……现在我等不及要这么做了。

谢谢你。"

猫走了,陪在乌龟身边的不仅有花,还有一种希望。

猫离开这座城市后,做了许多好事,
比他远离世事,只关注自己的这么多年里做的多得多。
因此,猫感到内心深处有某种强大的东西在涌动。

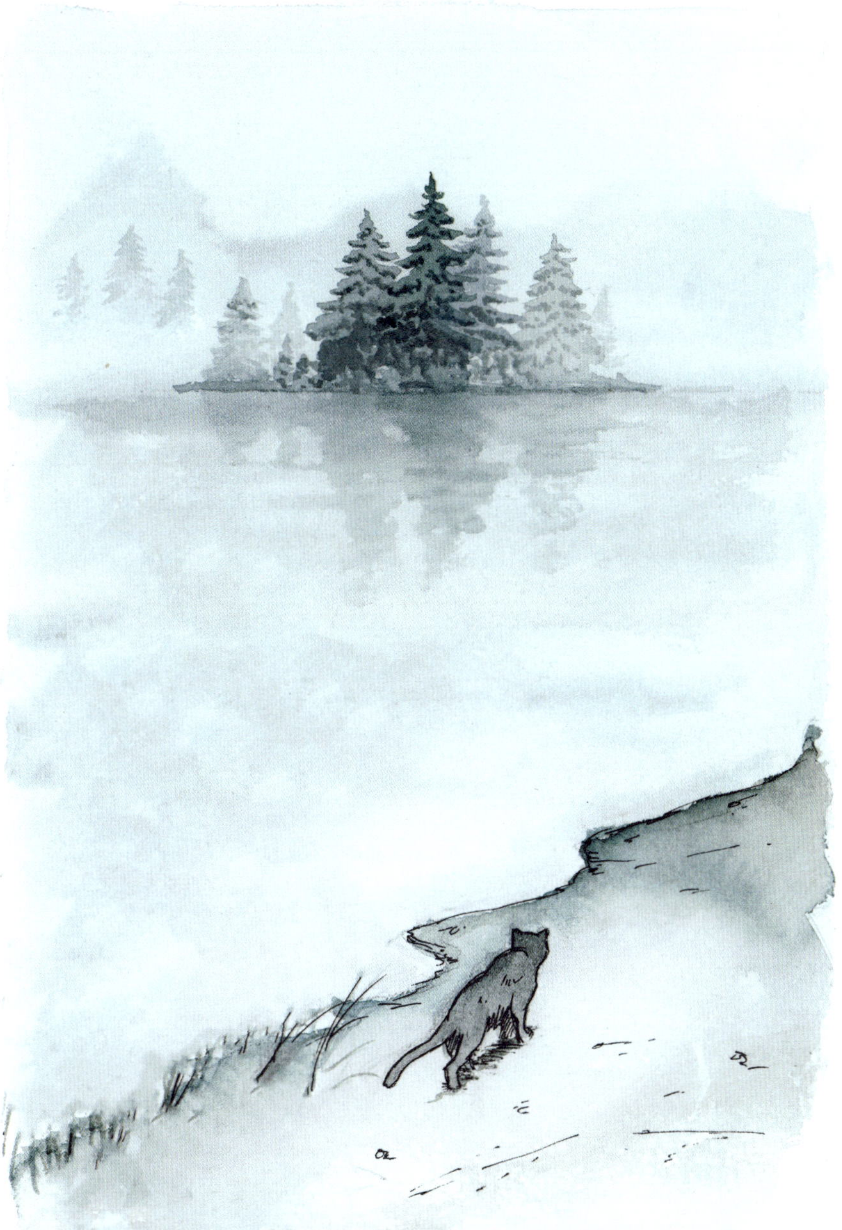

阳光渐渐暗淡。

猫正打算停下来过夜,从树上突然窜下长着尖牙利爪的猛兽。

原来是一只老虎,他举起巨大的爪子咆哮起来。

"啊,"猫说,"你这样就打开了通往痛苦的大门。"

"什么？！"老虎吼道，"你应该感到害怕。我现在就可以杀了你。"

猫盯着这个愤怒的家伙看了一会儿。
"你在自找痛苦，老虎朋友。

你以为打败我你就会感到强大，
但这并不会给你带来你寻求的满足感。

这永远都不够，你会活在愤怒和不满中。

要是我说错了，尽管纠正我。但我想，你上次这么做的时候，
胜利的感觉一定是空虚而短暂的。对吗？"

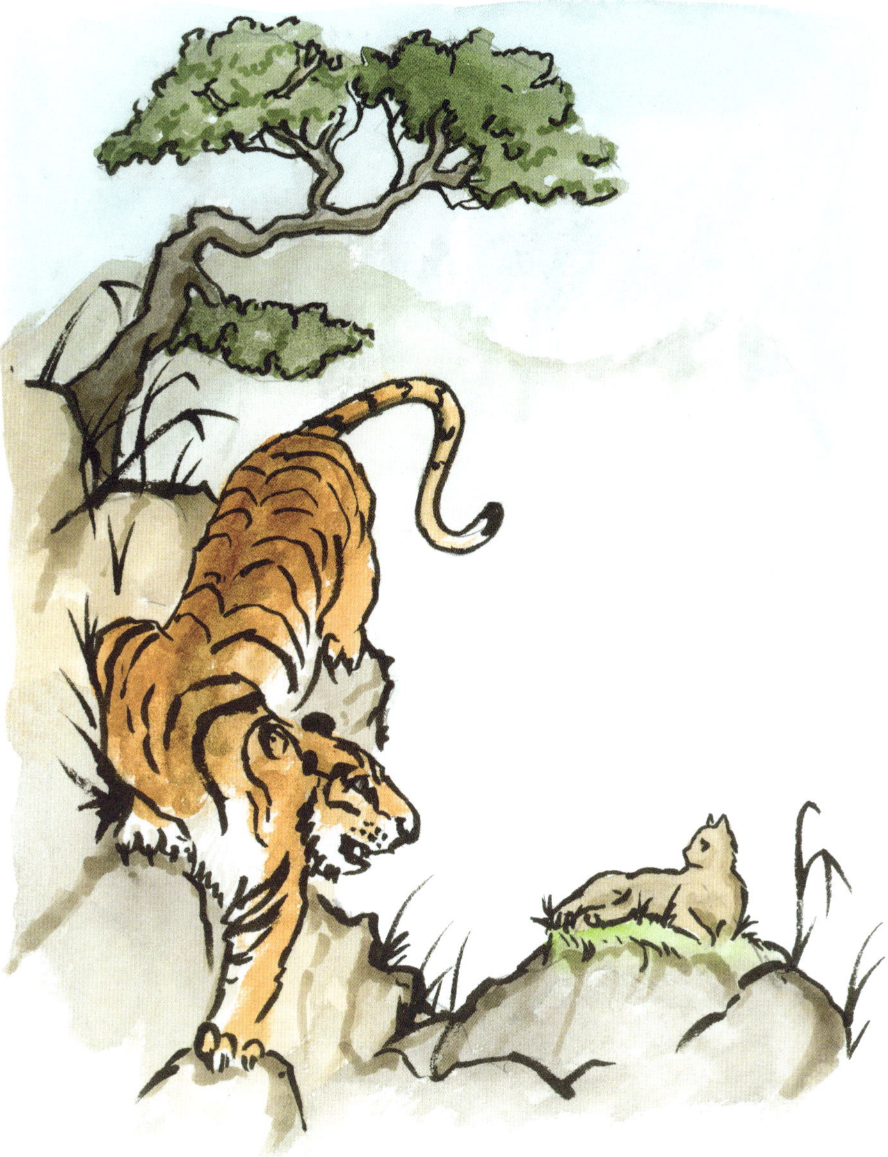

老虎怔住了。

他回想起自己无数次做过同样的事情，
为自己的强大和凶猛沾沾自喜，也从受害者的恐惧中寻找乐趣。

可就像猫说的，这种快乐从来无法持续，
他很快就开始寻找更多的方法来让森林里的生物感到恐惧。

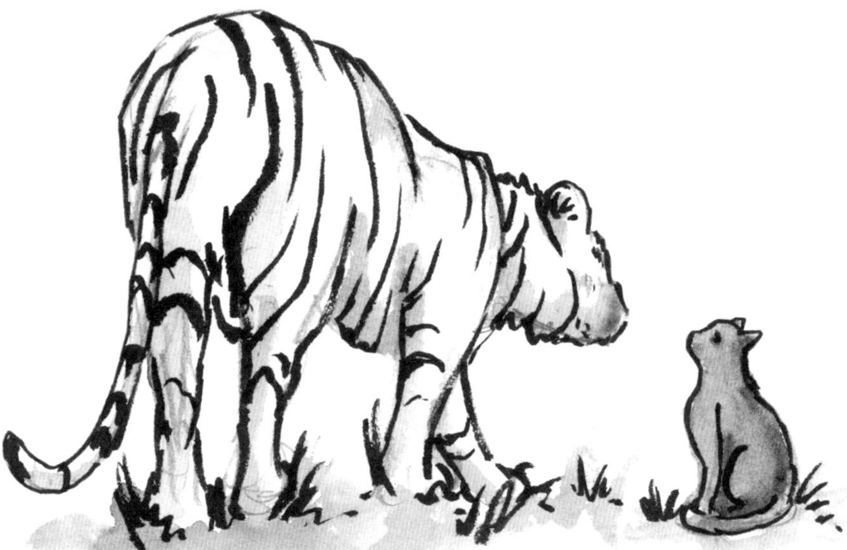

猫眼看着老虎的怒火烟消云散了。

他缩回了利爪，收起了尖牙，眼神柔和了些许。

他脸上流露出困惑，甚至好奇的表情。

就在几秒钟前，老虎还很确定的事情，现在他已经动摇了。

"很好，"猫说，"你这就推开了通往内心平静的大门。"

老虎没吭声。他看着自己的一只大爪子,
指甲像匕首一样,时而"入鞘",时而"出鞘"。

"也许我错了,"
他说,"我愤怒太久了。
我以为高身边所有人一等,会给我带来更多快感。"

"只要一想到不用去做最强的那个,我就感觉很平静,不知怎么的,我觉得我又找回了自己。"

老虎沉醉于思考猫的那番话，
同时也为自己获得的平静深深着迷，
他问，是否可以陪猫走一段路。

猫同意了。
他们在一棵大橡树的树枝上过了一夜，
然后继续朝着山谷的方向走去。

第二天早上，雾笼罩了大地，猫担心自己会迷路。但是老虎对这个地方很熟悉。"坐到我背上来吧，"他说，"这样我们能走得更快。"

"你总是独自旅行吗?"老虎问。

"在我心里,是的。"猫回答,
"但我正在学着改变。"

"我没有一个朋友,"老虎说,
"真奇怪,我们两个陌生人竟能和睦相处。"

"我们的灵魂并没有多大不同,"猫说,
"在内心深处,我们需要一样的东西。"

"真奇怪，"猫说，"昨天我对一只乌鸦说，你永远想不到事情会如何发展。

昨晚我明明很有可能成为你的一顿晚餐，而现在，你却在这儿，成了我在路上的帮手。"

"是啊，"老虎说，"你的行为是出于善意，所以我想，也许是上天在眷顾你。"

这话让猫愣住了，他又想起了他在城里的日子，他曾经是多么只专注于自己和自己的道路。

"也许吧。"过了一会儿，猫说。

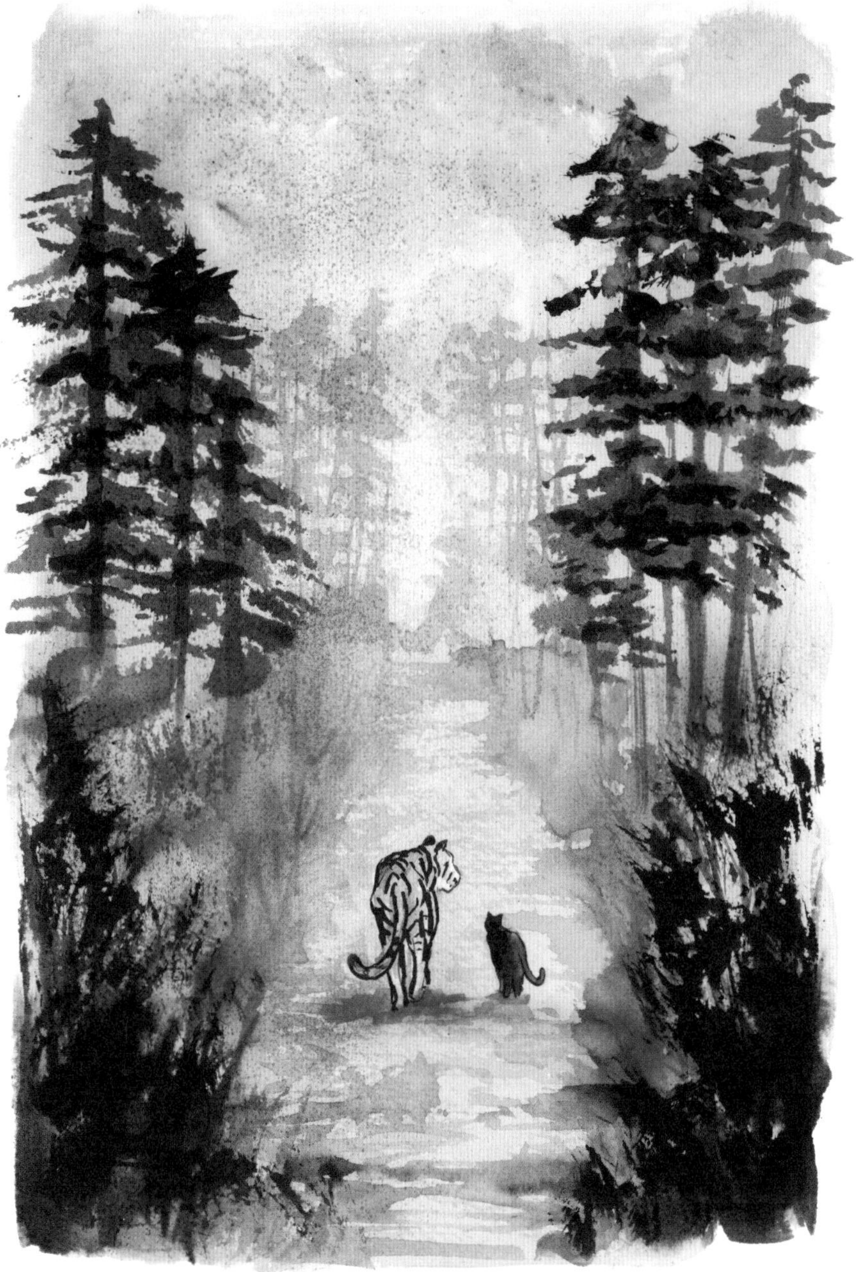

"但有一件事我可以肯定，"猫说，

"那就是，我越尽心尽力地帮助别人，我的内心就越富足。"

"就像播种一样。"老虎说,
"播下一粒种子,或许就能有满满的收获。"

他们走了大半个上午,来到了一个岔路口。

一条小路陡然上升,地形崎岖,险象环生。

另一条路不仅宽阔,而且毫无障碍,探入雾中。

只见岔路口立着一个路牌。

"往那边走就能见到那棵大树了。"
老虎指了指难走的那条路。

"难行之路往往才是对的方向。"猫想。

猫和老虎坐在草叶细长的地上。

老虎扭身对猫说:"我一直在想你说的话。

我能感觉到我的内心已经开始改变了,我想走一条新的路。

但我还没有准备好开始。

我见过庙里的僧侣,他们有特别的软垫、熏香和蜡烛。

他们还有写满智慧的书籍。

我应该把这些东西备齐了再开始。"

"路牌不是目的地本身，"猫说，
"它只是指给你去往目的地的方向……

同样，书籍也不是路，它们只能帮助你找到路。
就像那个路牌，如果你把时间都花在研究路牌上，
那你永远也到不了你要去的地方。"

"我来给你讲一个故事吧。

从前有一个穷苦的女人，她每天都坐在路旁，希望陌生人能给她几枚硬币，让她好填饱肚子。这样的生活她过了许多年。我常常去看望她。"

"尽管我们没有交谈，

但理解彼此。"

"有一天,我注意到,她一直当板凳坐的那个木箱子裂了道缝,里面的硬币闪闪发光。

我清楚,这些钱能帮她大忙,所以我用鼻子推了推那个箱子,可她只是笑着摸了摸我。"

"我每天都去轻轻推箱子,边推边喵喵叫,直到有一天,她开始好奇,更加认真地打量箱子。

当她终于瞧见了箱子里的东西,被吓了一跳。"

"她拿着那些钱做的第一件事就是，
急匆匆跑去给我买来了吃的和一条毯子。她太善良了。

她对我宠爱有加，就好像我是她好运的源头。

其实我只是一个信使。"

"她一直拥有这笔财富。

只是需要别人告诉她,该往哪儿看。

即使后来她摆脱了穷日子,她也没有改变。

只不过,现在的她能做更多对她来说更重要的事。

她开始帮助那些需要帮助的人,因为她是个智者,

她知道助人为乐才是快乐之本。"

老虎卧着思考了良久,然后转头对猫说:

"你是说,尽管我觉得我还没做好准备,
我也应该现在就踏上那条路?"

"你最好现在就开始这段旅程,哪怕犯些错误,
也可以修正路线,而不是一直等待完美的时机,
却自始至终,一步都没有迈出。"

"我懂了。"老虎说,
"所以我想,是时候独自踏上我的新路了。
猫,谢谢你。"

"那么，这两条小路，你要选择哪一条？"
猫看着前面的两条路，问道。

"我哪条都不选。"老虎说着转过身，朝森林走去，
"我要走我自己的路。"

猫笑意盈盈地目送老虎消失在树影幢幢、郁郁葱葱的森林里。

前方的路似乎充满了艰难险阻，尽管他迫切想要找到那棵古老的树，但还是决定先歇一歇，等明天早晨再出发。

猫再次醒来，发现下雨了，但他还是不管不顾地上路了。

冰冷的滂沱大雨浇透了他的皮毛，那种冷，深入骨髓。

可一旦猫下定了决心，就没有什么能够阻挡他。

到了中午，猫爬到谷中较高的坡上，
他确信自己看到了鼠跟他提过的那棵树。

它那粗壮、多节的枝干在森林其余树木之上向四面八方伸展开来。

猫的心头涌起一阵兴奋。

他下了山，走进枫树林。

猫停下脚步，在原地待了片刻，听那雨水轻快地拍打林冠的声音。

这的确是一个有魔力的地方——他能感觉到。

猫注意到，前方路面上有什么东西在动。

再往前走了走，他发现，
原来是一只完全沉浸于追逐秋日落叶的小奶猫。

猫又走近了些，
尽管小奶猫的注意力都在一截儿不听话的小树枝上，
但他还是注意到了靠近的猫，于是钻到了一堆树叶下面。

"你好，"小奶猫咧嘴笑着打招呼，"你来这儿干什么呀？"

"我在执行一项重要任务。"猫回答道,但他没有停下脚步。

"看你的目光,你应该在寻找什么。"

小奶猫说着跑跑跳跳地跟了上去。

"你饿吗?你在找什么?"

"我跟你说了,你也不会明白。"

猫说,他急于摆脱小奶猫,继续赶路。

"说说看嘛。"小奶猫是个乐天派,"我看着小,但聪明着呢。"

"很抱歉,"猫说,"以后有机会再说吧。"

"可你的朋友们都在哪儿？"小奶猫说。

"这段旅途我不需要朋友。"
猫回答，声音中透出一丝不耐烦。

"独来独往，我一个人挺自在的。"

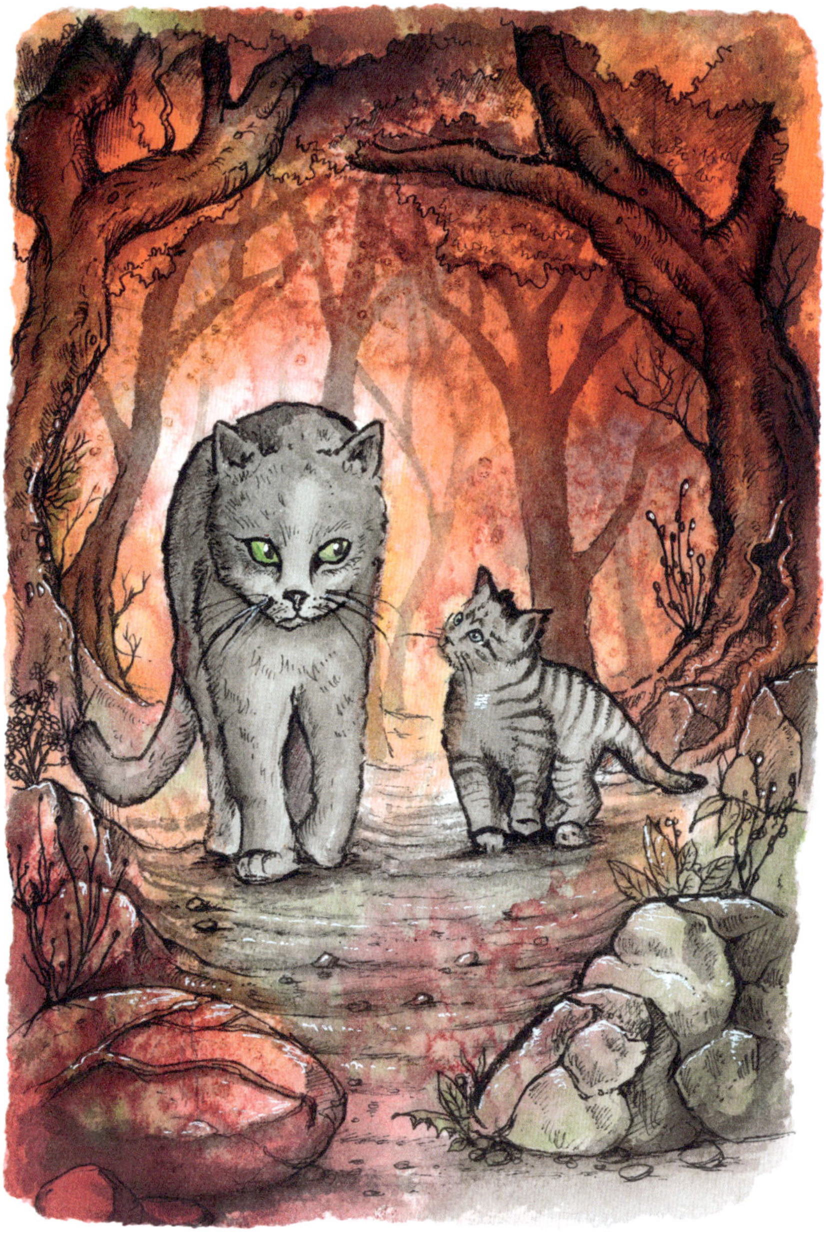

"可朋友就像魔法一样。"小奶猫说。

"和朋友分享好事，会比一个人独享更加快乐。"

"而且你要是有什么烦心事，跟你的朋友说说，你就能感觉好一些，哪怕他们并不知道如何解决你的问题。"

猫低头看着这只明显自得其乐的小奶猫,叹了口气。

"要是有这么简单就好了。
现在我要跟你说声抱歉,我得继续赶路了,
至于你说的那种'魔法',我觉得保持独处才更有必要。"

猫加快了步伐，继续沿着他的路线行进，留下小奶猫自己扑落叶。

他有些后悔自己跟小奶猫说话时态度不好，可他的任务才是目前最重要的事。要想弥补此事，以后还有机会。

然后……

终于，

猫见到了他以前从未见过的
在森林中拔地而起的那棵伟岸的大树。

鼠说的一点儿都不差。

这棵树十分壮观，寿命长过这片森林。

猫能感觉到一种强有力的精神能量。

他走近那棵树，借着底部的树枝小心翼翼地往上攀爬。

他精心选择了一个不被雨淋到的位置，坐下来，开始冥想。

"啊……"猫自顾自地想,"这就是了。这就是我一直在寻觅的东西。"

他闭起眼睛,让这棵树的能量在他身上发挥作用。

起初，猫非常确定自己感觉到了什么，
那是一种能量，一股精神力量，可他坐在那儿，
又觉得和他坐在城外那棵老白蜡树下时没有什么区别。

"也许还需要花点儿时间才能看到效果。"
猫想，"也许是我还没有放空的缘故。"

可时间一分一秒地过去，猫始终没有感觉。

最后，突然间……

伴随着枯松枝的断裂声，
一团湿乎乎、毛茸茸的小东西从上方坠落，
猛地砸到了猫身上，直接将他撞下了树枝。

猫向后跳了一步,发出嘶嘶声,唾沫飞溅。

"你怎么敢打扰我的平静时刻!"

但是小奶猫只是打了个滚儿，笨手笨脚地站起来。

他既没有害怕，也没有抱怨。

猫看着小奶猫，感觉内心发生了一些变化。

而且这些变化与一棵有魔力的树毫无关系。

他露出了灿烂而真诚的微笑。

这笑容已多年未曾有过。

猫坐在雨中,看着湿漉漉的小奶猫在森林地面上追逐着落叶嬉戏。

他终于明白他为什么来到了这里,还有他缺少的是什么。

他意识到，在这么多年的独自修行中，
他一直都只关注自己。

他回顾自己的旅途，回想起在他的帮助下，
内心获得些许平静的所有动物朋友：

野兔、乌鸦、小狼崽、猴子、乌龟和老虎，
他意识到，这次出行的意义绝不只是来找一棵树。

它的意义在于，让他带着一生中学到的所有东西、
获得的所有才能上路，并且在路上分享给大家。

他忽略的那些小事反而是他最应该关注的事情。

他内心涌起了对小奶猫深切的关心。

多年来，他第一次感觉到了真正的平静。

内心的平静就是不渴求。

就是没有向外求的欲望。

谁能想到，
是一只笨乎乎、湿答答的小奶猫
和他那温柔且无条件的善良给他指明了方向呢？

猫没有忘记，就在昨天，他还说过，
一件事到底是好是坏，不到时候是看不清的。

"谢谢你。"猫说,"你教会了我一些难以言传的道理。"

铆着劲儿捉自己尾巴的小奶猫没能如愿,
有点儿失落,转身对猫说:"我不明白。"

"你乐意让自己'不明白',这正是你的长处所在。"猫说。

"你我相比,我总是努力弄明白一切,拼命寻找真理。

而你,你不问缘由,享受当下,发现身边小事的价值,还努力去结交朋友。"

雨一停，雾便起，空中太阳低悬。

"我愿意和你交朋友。"小奶猫说。

"我也一样。"猫说。

他们在那棵大树的遮蔽下坐了一会儿。

然后小奶猫转身对猫说：

"那么，你找到你要找的东西了吗？"

猫回答："我觉得我找到了。"

"我明白了,我们想要的很少是我们真正需要的,而我们需要的几乎从来都不是我们想要的。"

小奶猫满脸疑惑地看着猫。

"这样说吧,"猫说,"我们不想要的东西会给我们带来挑战和挫败感。
我们常常希望世界上存在一种能解决所有问题的'魔力'方案。

可有时候,其实是这些问题和艰难迫使我们面对自己,
而在这个过程中,我们才会了解自己,变得强大,
同时开始看清楚,什么才是真正宝贵的东西,

然后我们就可以用崭新的目光去看这个世界了。"

"诚然，"猫说，"人生并非总是按计划走，我们也不总是有足够的智慧从问题中吸取教训。"

"人并不能每次都看清事情的最终走向,
可正是这一点能让我们相信峰回路转,柳暗花明。

你现在面对的问题中很可能隐藏着有利的一面,
　　这种观点可以帮助你度过难挨的日子。"

猫站起身，最后看了一眼那棵古老的松树，准备走了。

小奶猫想到他的新朋友就要离开，

立刻不开心了，但也许猫说得没错。

可能再次落单会给他带来别的好处，只是暂时他还体会不到。

"现在你要回家了吗？"小奶猫悄声问道。

"我来这里,是因为我心中有不解之事。"
猫说,"尽管我在这里有了许多领悟,
但恐怕还有更多事等待我去探索与发现。"

"但有一件事我很清楚，我的小奶猫朋友，
那就是，不管我在前面会碰上什么事，
有你陪伴总是好的。"

"想要拥有美丽的人生，秘诀并不是找到一棵古老的大树，也不是在满天星斗下许愿。

秘诀就在树叶、泥土和雨水中，

在你我之间，在离我很远的那座喧嚣的城市里。"

终

后 记

禅可能是一个令人困惑的概念。它可以让人联想到一系列的画面，从极简风格的白色公寓到沉默独坐的僧侣。对我来说，禅意味着培养给生活带来更多平静与智慧的存在方式。

禅最基本的特点之一就是几乎无法解释清楚，就像桃子的味道，理解它最简单的方法就是品尝它。只可惜，对我们大多数人来说，禅的深层含义都是难以捉摸的。

在本书中，我试图以一种更实际的方式来呈现禅宗，选取禅宗的一些思想和故事，使它们在日常生活中更容易被理解，更容易派上用场。为了实现这个目标，我选择了一些传统的禅宗故事，这些故事在人们口中已经流传了数百年，可以不说理就直接传达思想。

我花了很多时间研究禅宗故事，然后才确定下来我认为适合这本书的选段。虽说有些故事是新的，是我自己构思的，但我希望它们抓住了禅宗的精髓。

我之所以选择这些故事，主要是因为不管你在做什么，它们蕴含的道理都可以立即用于你的当下。例如，在猴子的故事中，他意识到只要转移一下注意力，整个世界就会改变——这种思路我们随时都可以尝试。同样，我相信很多读者都有和乌龟同样的感觉，但我发现，我的此时此刻将永不复现——这样想有助于为我们世俗的日常生活平添一丝深刻。现在，读这篇后记的时候，你就可以思考一下这个道理。

我们中的许多人在尝试新事物时都犹豫不决，往往想等待合适的时机，就像书中的老虎一样。当我开始画一幅新画、写一本新书或者写一篇后记时，我也会有这种感觉，但我学会了允许自己不带任何期望地、随性地开始创作，不知何故，每一次，事情似乎都会自行解决。

另外，这本书的插画也受到了禅宗哲学的影响。许多画采用的是传统风格，有些画使用的是在宣纸上用黑色墨水绘画的"水墨"技法。这类作品对随意性和直觉的要求极高，不允许艺术家过于挑剔或在细节上过于执着。饱满的黑色笔触与脆弱的宣纸相得益彰，令人非常愉悦。总之，这些材料协作的方式创造了各种各样随机却奇妙的图案和效果。

自然确实对最后一张画有贡献，它真的教会了你放弃控制（这也是一个神奇的禅宗概念）。第11页、13页、15页、17页、42页、49页、55页、85页、102页、105页、106页、120页和165页的插画使用了这种技术。

除了把这些小故事再讲一遍，我还想要有一个线索式的故事，不仅将这些故事归纳进一个单一的叙述，还能展示一个个体的旅程和他在心灵之旅中经历的种种挣扎。

在猫的旅途中，他遇到了许多动物，他通过分享一个个古老的禅宗故事来帮助每一个动物，但他也是在帮助自己，因为所有的生命都是联系在一起的，当我们造福他人时，就是在造福自己。

猫发现给这些动物提供建议很容易，但要把这些建议用到自己身上就不那么容易了，甚至在故事的最后，当他发现小奶猫有碍于他接受启迪时，他开始生气了。但正如那句老话所说的：

难行之路往往才是对的方向。

小奶猫是猫最不想遇到的，却是他真正需要的。

拿我自己举例，在我的工作日里，我的一只猫喜欢在我的工作区域来回踱步，挡住我的显示器，踩着我的画走过去，总之会做任何能引起我注意的事情。我很想把它关在门外——毕竟我有重要的工作要做！但它正是我需要的信使——它会提醒我停下手头的工作，抚摸它，欣赏它作为猫科动物那小小的身躯。总有一天，它会离我而去，到时候，我可不想回忆起来净是那些因为我太忙而把它关在门外的日子。

那么禅在哪里呢？

就像书中的老虎一样，人很容易被通往和平之路需要静修、冥想、灵性导师和熏香这种想法所诱惑。当然，这些肯定会有帮助，但我最喜欢禅宗哲学的一点是它对个人的赋权。你可以靠自己开始修禅，现在就开始。

美无处不在，只是有时候很难发现。不管是嘈杂的车流，还是老式高层建筑斑驳的混凝土墙面，它们其实都蕴含着美。

如果你能花 30 秒的时间去感受衣服的面料，或者听听窗外的声音，你就能像本书中的猴子一样，进入另一种精神状态。如果，只有一秒钟，你停止了思考，开始感受，那么你就遇到了禅。

如果你能在想起禅的时候进行练习，它可能会给你的生活带来更多的平静。即使是禅僧也不是整天都在冥想，他们的大部分时间都花在做各种差事上，但他们会努力以一种从容的、有意识的心态去做这些事情。

如果说非要从这本书中学到一个道理，我希望你好好记住，好事往往是看似糟糕的事情演变来的。

莲花在佛教中具有非常重要的意义，部分原因就是它们出自淤泥。

如果把这个想法植入脑海，我觉得大家的生活可以变得更加快乐，因为这个想法可以带走我们每天遭遇的负面经历中的那份刺痛。这么做并非一贯容易，因为有些经历实在太痛苦，你无法总是努力看到其中的好处。但如果你从小处开始，试着把它培养成一种习惯，它会逐渐改变你看待世界的方式，最终增加你的幸福感。

如果你对本书中的任何观点有不解，那很好——就像故事中的老虎一样，困惑是你即将改变的第一个信号。

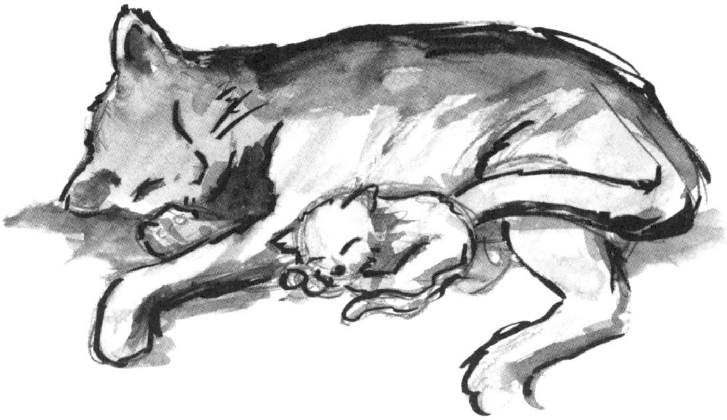

图书在版编目（CIP）数据

一只去找菩提的猫 /（英）詹姆斯·诺伯里绘、著；万洁译. -- 北京：北京日报出版社，2024.5
ISBN 978-7-5477-4908-1

Ⅰ.①一… Ⅱ.①詹… ②万… Ⅲ.①人生哲学－通俗读物 Ⅳ.①B821-49

中国国家版本馆CIP数据核字(2024)第030578号
北京版权保护中心外国图书合同登记号：01-2024-1867

Copyright © James Norbury, 2023
All rights reserved.
First published as THE CAT WHO TAUGHT ZEN in 2023 by Michael Joseph. Michael Joseph is part of the Penguin Random House group of companies.
Simplified Chinese Translation Copyright © 2024 by Beijing Zito Books Co., Ltd.
Copies of this translated edition sold without a Penguin sticker on the cover are unauthorised and illegal.

一只去找菩提的猫

责任编辑：秦　姚
监　　制：黄　利　万　夏
营销支持：曹莉丽
特约编辑：王　婷
版权支持：王福娇
装帧设计：紫图装帧
出版发行：北京日报出版社
地　　址：北京市东城区东单三条8-16号东方广场东配楼四层
邮　　编：100005
电　　话：发行部：(010) 65255876
　　　　　总编室：(010) 65252135
印　　刷：艺堂印刷（天津）有限公司
经　　销：各地新华书店
版　　次：2024年5月第1版
　　　　　2024年5月第1次印刷
开　　本：710毫米×1000毫米　1/16
印　　张：11.25
字　　数：112千字
定　　价：89.90元

版权所有，侵权必究，未经许可，不得转载

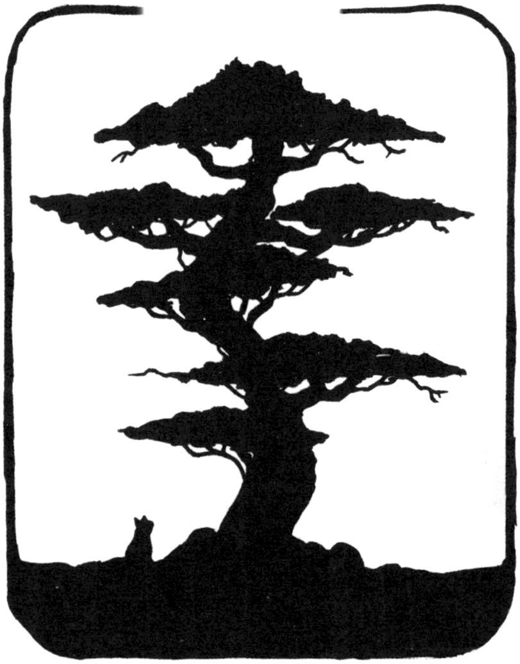